新古典风精选设计

幸福空间编辑部 编著

清華大学出版社
北京

内 容 简 介

本书精选我国台湾一线知名设计师的33个新古典真实设计案例，针对每个案例进行图文并茂地阐述，包括格局规划、建材运用及设计装修难题的解决办法等，所有案例均由设计师本人亲自讲解，保证了内容的权威性、专业性和真实性，代表了台湾当今室内设计界的最高水平和发展潮流。

本书还配有设计师现场录制的高品质多媒体教学光盘。其内容包括简约线条美宅（陈美贵主讲）、精雕古典美学（詹芳玫主讲）、纽约新古典风潮（宋雯铃主讲），是目前市场上尚不多见的书盘结合的室内空间设计书。

本书可作为室内空间设计师、从业者和有家装设计需求的人员以及高校建筑设计与室内设计相关专业的师生使用。

图书在版编目（CIP）数据

新古典风精选设计/幸福空间编辑部编著. —北京：清华大学出版社，2016
（幸福空间设计师丛书）
ISBN 978-7-302-41865-8

Ⅰ.①新… Ⅱ.①幸… Ⅲ.①住宅－室内装饰设计 Ⅳ.①TU241

中国版本图书馆CIP数据核字（2015）第251954号

责任编辑： 王金柱
封面设计： 王　翔
责任校对： 闫秀华
责任印制： 刘海龙
出版发行： 清华大学出版社
网　　址：http://www.tup.com.cn，http://www.wqbook.com
地　　址：北京清华大学学研大厦A座　　邮　　编：100084
社 总 机：010-62770175　　邮　　购：010-62786544
投稿与读者服务：010-62776969，c-service@tup.tsinghua.edu.cn
质量反馈：010-62772015，zhiliang@tup.tsinghua.edu.cn
印 装 者： 北京天颖印刷有限公司
经　　销： 全国新华书店
开　　本： 213mm×223mm　　**印　张：** 8　　**字　数：** 192千字
附光盘1张
版　　次： 2016年5月第1版　　**印　次：** 2016年5月第1次印刷
印　　数： 1~3500
定　　价： 49.00元

产品编号： 062923-01

当现代遇到古典 简约线条美宅　陈美贵 主讲

精雕古典美学　詹芳玫 主讲

纽约新古典风潮　宋雯铃 主讲

现场实录

王牌设计师主讲

本光盘教学录像
由幸福空间有限公司授权

Interior Design | 带您进入**台湾设计师**的魔法空间

设计师 About Designer

P001 P004 P006 P132 侯荣元

从强化功能的设计出发，通过线条的完美比例和色彩的搭配挥洒，将个人精神品味与物质需求极致体现，享有打从心底被宠爱的完整满足。

P012 周建志

擅长营造美式、日式、北欧、田园等风格，以极为严谨而细致的专业及经验，将日本完整的收纳概念、欧美温馨休闲，改为适合居住的区域表现，将生活态度、人文功能、美学概念引领至其中。

P022 Teresa Shen

自本事务所成立以来，至始秉持一颗热诚的心为客户服务，不管客户任何的需求，我们都希望以最认真的态度、最完美的设计、最快的速度及最实在的价格去满足，并坚信“成功的设计乃是打造完满居家住宅”的信念。

P032 吴泓蔚

设计上，认为装修前与房主严谨的功能讨论才能勾勒出理想的空间格局，而风格存在于整体色调的控制中，以不失流行的地壁素材搭配适当品味的家饰，为整体空间质感的最佳表现方式。

P008 谢秋贵

以空间规划、专业施工、家具定制等为主的禾洋设计团队，因创新制作家具工法拥有诸多专利，同样的热情表现在室内规划与施工上，着重功能与质量的双重坚持。

P016 赖昱铭

从开始与业主的接触及沟通，了解业主的个性、生活习惯及使用需求，进而发展出我对空间的设计概念，再由这设计概念发展出设计风格。

P028 黄瑞楹

性格中理性与感性的和谐平衡，让设计作品往往超越性别的框架，铺排出大器而利落的线条格局，品味其细微之处，又可感受到内蕴细腻而柔致的余韵。

P036 王圣文

以顾客的想法为设计主轴，创造出美观又不失实用的居住与商业空间。

P040 朱皇蓢

对蓢筑空间设计来说，如何在一定的预算及面积下完成业主的期待，同时维持设计品味与设定风格，是设计时需要加入考虑的重点之一；除此之外，风格上的多变与突破也是蓢筑设计努力的目标，这些累积及激发出的设计创意发想，成为每一件作品的最佳基石。

P048 郑抿丹

倾听房主需求与房主耐心沟通，掌握使用者的生活习惯，加强功能性、收纳与实用空间，将设计与生活完美结合达成平衡，给房主一个满意放松的家。

P058 李昌隆

将艺术与实用性结合，是设计师李昌隆思考的重点，因此美感的追求不仅止于室内空间格局与动线规划设计，户外景观的协调性也一并详加考虑，由此切入设计才能达到与空间环境共生的深度美感、人文艺术相互结合的境界。

P068 许锦程

所谓好的设计，是符合业主需求，又发挥设计师风格，在既定预算内充分完成所有工程，因此要多花时间在图纸的沟通，可以避免浪费过度的设计与装修费用。

P078 P082 许戎智

在建筑与室内设计的领域上，不追逐特定的设计风格，我们所关心的是重视与业主的沟通及设计的多样性，进而从空间特质、延展可靠的材料、真实的细节、严谨的选色、和谐的比例，探索更多可能的、创意的、美好的、幸福的设计。

P044 黄琪竮 Vicky

“追求完美、创新求变、以客为尊”为欧爵团队所追求的信念，好的家居设计，给人的印象是温馨、舒适、可依赖的，容易让人产生安全感，这正是欧爵团队创意的原动力。

P052 许令强

通过与业主沟通，了解业主的生活、喜好与需求，以此为出发点，结合实用的设计、符合生活习惯的动线格局，全方位满足业主对家的期待。

P064 王威翔

设计是主观的，品位是专属的，独享自我空间是必然的，古典与现代的相辅相成，让设计超越定义的束缚。

P072 吕宏泽

“家，即是居住者的品味延伸。”罗宾斯希望利用独到的美学概念诠释各个空间，以此呈现出具有艺术价值的设计，让居住者在享受舒适环境、实用功能之余，还能从中感受美好氛围。

P086 简进昆

人，生活，空间，存在着密不可分的关系，以细腻的新美学为大纲，集结多元艺术与建筑学因子共同参与，营造出生活的经典与舒适。

P090 吴思谦

在不同类型的空间里，依居住者的喜好需求与生活习惯及预算，给予业主专业的搭配与建议。不强制定型风格，通过美学调和及建材挑选搭配，结合后空间呈现出来的质感与氛围，来满足居住者的需求。

P094 张文龙

空间的本质在于满足使用者的行为需求及心灵感受，除了符合使用功能需求外，更能传递不同信息，只要我们细心去体会，就能获得想要的感觉。

P098 詹秉萦

舍子美学设计每个作品少有重复，不喜单一风格，乐于多方面突破，对于业主付费委托以“量身订做”为服务原则。即使同种风格为主轴，也会就材质、细节等巧思来创新设计思维，避免僵化思考及常规做法，塑造每个空间的特有个性。

P102 侯世彦　江成伟

极致华美，不在于材质的刻意堆砌，而是意念的沟通与传递，将无价回忆与生活品味，以独到的风格见解，重新诠释于点线面之间，让家除了温馨之余，还多了几分浪漫绮想。

P106 李守闳

品浩设计工程有限公司是结合建筑及室内设计，创造出生活的创意美学，并落实于客户生活层面的专业设计公司。成员包括经验丰富的建筑室内设计、景观规划设计、预算、施工等专业人才。

P110　P116　宋国征

秉持着“客户才是设计师”的观念，先倾听，再用专业的角度与客户进行多方面沟通，以取得对整体设计的真正信赖。

P120 许炜杰

将穿透、层次、延伸、持续性、对比、比例及对外连接的互动关系，通过设计的整合，“家”将会是您量身定制的心灵居所。

P124 蓝丽子

居家设计从使用者的需求开始，家人的品味、喜好、生活习惯，成为室内设计不容忽视的沟通讨论细节。

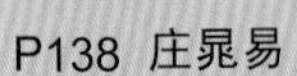

P138 庄晁易

总是从美感的思维与生活经验，提供给居住者更好的居住质量，让行住坐卧之间，无处不美。

P144 李敏郎

寻求设计与施工能满足您精神上对美学的渴望，实践完美的作品，由设计到施工一气呵成，更让空间拥有设计师的精神与共鸣。

P148 赵玲　吕学宇

设计应该是一种生活的投射，由居住者以内心感受，从需求出发，而获得实质上舒适与美好的视觉，这才是设计最原本的初衷，也是设计存在的价值。

目 录

得比空间设计 • 设计师 侯荣元

东西方撞击 · 新古典框架下的交融并生

坐落位置 | 新北市 • 永和区

空间面积 | 149m^2

格局规划 | 玄关、客厅、餐厅、厨房、书房、主卧室、小孩房、客房、卫浴×3

主要建材 | 舞鹤米黄大理石、手刮木皮、贝壳板、烤漆、灰镜、罗马洞石、线板、壁纸、绷皮革

风格的定义，并非只有单一语言，在新古典的框架下，本案设计师融汇东方元素、美式与低调奢华，微调出区域的专属表情，并在格局的安排中获得合适的生活比例，同时运用高质感建材与定制元素，演绎了一场超乎空间尺度的时尚新古典奢华。尤其以客厅中画家手绘，客户定制的花鸟丝绸壁布，搭配镀钛金属收边的箱型茶几，更是呈现出不凡的东西方质感。

1.**玄关端景：**东方画作悬在西方古典线条端景桌上方，在黑色烤漆框筑的线条中，东西方元素撞击出一幅异文化交融画作。
2.**定制壁纸：**设计师请画家手绘牡丹花鸟定制丝绸壁布，并在文昌位上题词，以塑造东方屏风概念。
3.**电视墙：**罗马洞石深浅切面的立体变化，借助灯光投射出深邃立面层次，两边收纳展示柜下方，另延续玄关贝壳板与木作圆形造型元素，达成空间设计的整体性。

1

2
3

女主人喜爱的牡丹花元素，也手绘在界定梳妆区和卧眠区的夹砂屏风上，与华美的威尼斯镜、绷皮床头、古典床组，打造仿似上海租借时期般的东西交汇风情。同为套房规划的小孩房中，改以竖纹墙面增添美式元素，并从书房争取部分空间，结合灰镜、绷皮革与烤漆构筑奢华感衣柜。因廊道收纳被限制空间的客房依旧有完整的卧室功能，并利用黑钢烤、灰镜等元素，铺叙低调奢华风貌，在新古典框架下，以美式、低调奢华自序独立表情。

1.**客厅**：两侧对称的灰镜墙面上壁灯呼应餐厅灯具元素，并购置镀钛收边箱型茶几，增添现代时尚元素。
2.**餐厅主墙**：金属包框的造型镜面辉映华美水晶灯，成为餐厅主景。
3.**备餐柜**：具备轻食调理功能的备餐柜两侧，分别置有内嵌式冰箱、中型怪兽拉篮与恒温红酒柜，功能齐备。
4.**餐厅**：凡赛斯椅布与紫红水晶灯共塑奢华唯美。
5.**客房**：因廊道柜而限制空间的客房格局，通过对称镜面与壁纸铺陈，构筑新古典框架下的低调奢华。
6.**定制屏风**：延续女主人喜爱的牡丹花鸟元素，设计师另在梳妆台与卧床分界处规划富贵吉祥的夹砂屏风。

得比空间设计 · 设计师 侯荣元

承揽幸福 · 安居和谐之美

坐落位置 | 台北市
空间面积 | 139m^2
格局规划 | 客厅、餐厅、厨房、主卧室、次卧室、多功能房、卫浴×2
主要建材 | 木百叶、文化石、皮革、壁布、皮革、钢刷山形木皮、铁艺、灰镜、石材、进口瓷砖

1

2

3

空间承揽幸福因子，将安居的和谐之美，结合区域衍生的悸动，编织成美好的记忆。本案中，设计师为年轻夫妇打造通体连接、又能相互独立的区域，在不同空间里切入最适宜的规划。来到内部，可清楚地感受质朴的人文质感，设计师利用简约的线条搭配温润的材质，营造出空间美学的平衡感。

玄关延伸至客厅立面，以切割线条及钢刷山形木纹呈现，塑造区域静谧沉稳的意象。充满雅韵的书房，窗边配置了卧榻与茶几，可形随功能变为客房使用；墙面书架则以开放层板表现人文意涵。另一个亮点，是书房与客厅的隔屏，除了格栅式拉门，中段处利用斜向式的灰镜表现穿透感，创造出高品位的质韵。

1.**人文意涵**：知性人文是本案的设计主轴，其低调的配色与木质所构筑的温度，创造出舒适的生活。
2.**区域隔屏**：客厅后方书房以格栅式隔屏，中段处则以斜向的灰镜立柱表现，创造丰富层次。
3.**美学平衡**：客厅内部，用简约的线条搭配温润的材质，营造出空间美学的平衡感。
4.**静谧沉稳**：玄关延伸至客厅立面，以切割线条及钢刷山形木纹呈现，塑造区域静谧沉稳。
5.**书房**：充满雅韵的书房，窗边配置了卧榻与茶几，可形随功能变为客房使用；墙面书架则以开放层板表现人文意涵。
6.**餐厅**：铁艺与木作组成的烛台式吊灯，搭配木质的六人餐桌，质朴温润的调性让人忘却都市的尘嚣。
7.**展示层板**：空间不再制式而枯燥，多一些巧妙构思，展示层板也能通过不同材质与造型，让区域更活泼。

得比空间设计・设计师 侯荣元

纯粹白净・品位美式新古典

坐落位置｜新北市・三重

空间面积｜139m²

格局规划｜玄关、客厅、餐厅、厨房、主卧室、小孩房×2、卫浴×2

主要建材｜竹百叶、进口纱帘、烤漆、壁布、皮革、木地板、灰镜、石材、茶镜

1

2

3

设计师以美式新古典风格，铺陈视觉上的设计飨宴，色调上以清浅的白、灰及米色挥洒出明亮洁净的空间。进入玄关，豪邸的意象映入眼前，运用大理石拼花来划分区域属性，让玄关与客厅拥有不同的神情。来到客、餐厅的公共空间，格局完整、视野宽广，其壁炉式的造型端景，更营造出家的温暖气息。

除了强调美感体验，同时也要考虑周围环境。设计师为化解栋距过近的问题，选择百叶式拉门与进口纱帘，除了可以调节室内光线与通风，更能保留家人的隐秘性。主卧空间，以象征“圆满”的天花板造型，来营造挑高的尺度；山形木纹的超耐磨木地板则带出温馨舒适，感受区域交织的美感。

1.**美学空间**：客厅内部除了美式线板的勾勒，还运用布艺沙发、抱枕及相片墙，营造出生活美学的空间。
2.**窗纱设计**：窗边使用百叶拉门，纱帘的搭配更能保留隐秘性。
3.**空间色调**：恢宏的大厅，以白色系作为空间的主色，让连接的客餐厅更显视野开阔，也烘托出纯净的明亮感。
4.**餐厅**：可以容纳六人的餐厅区，随时都可以招待亲朋好友的来访；圆形的天花线板搭配茶镜，辉映出水晶吊灯的细致风采。
5.**女儿房**：女儿房同样以对称性铺排美式古典精神，并使用一面线条切割造型的皮革床头板，展现卧眠区的独特非凡。
6.**主卧空间**：天花板的线板及造型以“圆满”来表现，并营造出挑高的尺度感。

4

5 6

禾洋设计团队 · 设计师 谢秋贵

奢华不俗 · 高雅贵气新古典大宅

坐落位置 | 桃园

空间面积 | 330m²

格局规划 | 玄关、客厅、佛堂、小客房、大餐厅、小餐厅、厨房、观景台、工作阳台、客浴、大客房（浴室）、小主卧（更衣室、浴室）、大主卧（书房、更衣室、浴室）

主要建材 | 石材、柚木、马赛克、镀钛铁艺、绷皮水钻、造型板、壁布

1

2

本案大宅格局，摆脱了各项生活功能分项独立的大面积空间设计模式，仅配置三间完整的套房与必要的生活功能，使每个空间显得落落大方，宽敞且舒适。原格局中，显现气度的双开门，不巧正对一根很有重量感的柱子，设计师通过延长柱子线条，安排收纳、端景使空间呈现完整性区域。

1.**玄关**：以内敛奢华的水晶灯为轴，石材拼花地面划出方正的玄关区域，金属马赛克、石材、金属饰条及间接照明，隐藏起收纳以利落大器迎宾。
2.**风格表现**：经过简化的古典奢华风格，舍弃了眼花缭乱的雕饰概念，而于家具优雅的线条与线板清浅的刻画中，寻得华而不俗的贵族气质。
3.**家具选配**：空间中的家具皆为设计团队亲自设计，遵循古典风格的“对称”概念，采用不成套的配置手法，在舒适安定中丰富视觉观感。

3

1

本案设计团队擅长的奢华新古典风格，在此空间中，通过细腻的线板堆叠加以金箔、金漆装饰展现出来；其经典的对称语汇亦不容错过，通过大器内敛的石材运用，横向的石材纹理铺陈整个公共区域立面，仅局部保留给线板优雅比例的留白。除此之外，马赛克砖闪闪动人的时尚色拼贴与泛金色茶镜、茶玻在端景、收纳、餐厨间门扇的运用也是重点，在这些金碧辉煌的铺陈中，银紫色软件与装饰的穿插运用，调和了以往认为金色“俗气”的想法，展现出不凡的大宅优雅贵气。

2

1.**电视主墙**：延续玄关处立面的石材选用，横向的石材纹理，以及因线路考虑而凸起的立面层次，于现代线条中营造立体感。
2.**客、餐厅分界**：以金紫双色规划奢华氛围，利用两根柱子相对的轴线划分功能空间，从内嵌式的端景开始，运用线板修饰天花板降板的宽幅框线。
3.**餐厅**：以古典的对称元素框饰佛堂与小客房动线，除仿金色的石材选色外，闪闪动人的金属马赛克拼贴也丰富着华丽细节。
4.**小餐厅**：将玄关的格局调整后，此区域的格局更显方正，两侧华丽雕花以茶镜衬托，中央预留挂置电视的石材，这里曾是原先柱子的位置。
5.**主卧**：深色的木质地面转换休憩的空间氛围，女性居住的空间仍沿用新古典的“口”字框与雕饰线板，局部贴饰金箔更显贵族气息。

春雨时尚空间设计・设计师 周建志

荟萃古典与休闲·打造沐光净透的现代质感家

坐落位置 | 新北市・新店区
空间面积 | 132m²
格局规划 | 玄关、客厅、餐厅、厨房、书房、琴房、主卧室、男孩房、女孩房、长辈房、更衣室、储藏室、卫浴×2
主要建材 | 石材、木皮、镀钛、玻璃

1

本案房主经过多个设计师规划，最终春雨设计以其优异的动线规划与风格表述脱颖而出。设计师调整客厅、餐厅与书房的坐向、格局配置，并通过半高电视矮柜与透光茶玻璃隔断墙，在公共空间以视觉串联空间互动，让家人的生活共沐浴在同一片日光敞朗中。

1.木作&线板：藤色线板与木作天花板，通过线条比例与色系变化，巧妙地将休闲与新古典融入现代质感设计中。
2.格局调整：重新调整坐向与格局，让公共空间共沐浴在同一片日光敞朗中。

2

除了功能格局的调整，整合家人对风格的期待，也是本案的规划重点。女主人喜爱的新古典风格，改以藤色漆面游走玄关鞋柜与餐厅主墙，于浅淡雅致中，搭配重新铺设的防滑面深色地砖与木作贴皮，通过色彩与线条比例的精准拿捏，完美融入进现代风格的质感演绎。而厨房壁面的卡通人物壁砖，以黑白色系的时尚表情搭配整体风格。在个别的私人区域中，通过木地板的规划呈现温暖氛围，并依照使用者的性格与喜爱，给予专属的风格表情。

1.**穿透视野**：茶玻璃分界的隔断墙，可从视线上让家人保持互动。
2.**灯箱方盒**：关上门扉后的书房，从书桌投射而出的温暖光晕，仿佛空间里的大型灯箱方盒。
3.**视野串联**：半高电视墙与透光茶玻璃的格局分界，让视野串联每一个独立区域。
4.**书房**：错落分割的展示柜线条，让摆放在其中的书本与物品，成为美丽的墙面端景。
5.**长辈房**：设计师充分运用畸零角落，在寝眠功能之虞，也能有完善收纳功能。
6.**主卧室**：与公共空间享有同一片美景的主卧室，在温馨简约中，通过斜切床头墙面与间照的搭配，丰富立面层次。

专胜室内装修设计有限公司 · 设计师 赖昱铭

老件换新妆 · 独树一帜的中西融合风格

坐落位置 | 新北市 · 淡水区

空间面积 | 132m²

格局规划 | 玄关、客厅、餐厅、厨房、书房、主卧室、小孩房、客房、卫浴×2

主要建材 | 喷漆、天然木皮、石材、文化石

1

喜爱西式古典风格的女主人与拥有大量中式古董家具收藏的男主人，希望在一个崭新的未来居家里，纳入旧有家具，并结合东西元素与信仰，打造一处独树一帜的中西融合居宅。本案中原始格局的公共空间为全开放式规划，设计师通过增设门斗框饰出独立玄关，并架高客厅后方的地板增设书房，而男孩房也因墙面的调整有了方正、完整的格局。

1.鞋柜：艺术线板框饰鞋柜门板，在进门处以西式风情呈现。
2.视野串联：流畅的动线配置，能让视线串联每一个独立区域。

2

1
2
耶和華賜福滿滿

耶和華賜福滿滿
3

L型延伸的古典线板鞋柜，在进入客厅前的转圜处以跳接墨绿色带衔接，并辅以白色线板线条增加立体感。拥有敞亮采光的公共空间，以中式古典家具与门板，结合天然木皮元素贯穿，塑造空间的整体性。主卧室床头主墙漆饰浪漫淡紫色，搭配白色线板、古典单椅与床边桌，以高贵古典风格呈现；性格派的男孩房则以红色文化石砖墙与简单的原木元素，在贴上两张黑白爵士海报后，打造成熟男孩专属的个性卧室。

4

1.**玄关**：白色古典线板在玄关交界处，采用墨绿底色与白色线板框饰立体门斗，清楚界定内外空间。
2.**书房**：开放空间里借助架高地板分界，独立出阅读书房区域。
3.**客厅**：房主收藏的中式门板、柜子与旧家具，皆通过地毯、窗帘等色系整合出协调的空间氛围。
4.**旧家具再生**：原旧家的屏风在新房中改以活动式厨房拉门呈现，让每一件旧物都有新生的意义。
5.**餐厅**：横亘天花板的结构梁，通过导弧天花板的线条柔和修饰。

5

1.**男孩房**：性格的男孩房简单铺饰文化砖墙与木作元素，呈现微英式工业风的摇滚韵味。
2.3.**阳台**：南方松地板与绿意造景，在阳台规划一方舒适休憩角落。
4.**主卧室**：淡紫色床头墙面与白色古典线板，框饰主卧室的优雅古典。
5.**梳妆台**：格窗下的梳妆台搭配古典线条单椅，营造唯美浪漫的梳妆情境。

4

5

珈成室内设计事务所 · 设计师 Teresa Shen

透视简约新古典

坐落位置 | 新北市 · 新庄
空间面积 | 323m²
格局规划 | 4室1厅2卫
主要建材 | 石材、铁艺、强化玻璃、镜材、绷布、木皮

身为中小企业台商的房主，非常和善好客，朋友和客户常到家中聚会，因此希望除了符合居家生活需求外，也能具备招待会所的气派美观。设计师打掉客厅后方实墙，改以强化玻璃塑造的开放式书房，以增加公共区域的宽敞度与景深，同时专门设计完全敞开的多片式直向收纳折门，另将书房纳入餐厅共聚区域，打造了一处无分界的开阔公共空间。

1.**客厅**：粗大的梁柱，通过线板与间照修饰，构筑敞阔华美样貌。
2.**穿透视野**：拆除实墙改以强化玻璃塑造的穿透视野，拉阔书房景深。
3.**书房**：通过复层材质的框饰，打造实用与美感兼具的质感书柜。
4.**酒架**：量身定制的铁艺酒架，具备方便拿取与艺术性的双重价值。
5.**餐厨区**：餐厨区以中岛吧台划分独立功能，贴饰于端景墙上的装置艺术品，增添了文艺气息。

4

本案位于14楼，有庞大梁柱需克服的问题，包括天花板、收纳空间、冷气位置都需缜密思量，除了将梁柱纳入收纳线条修饰外，在天花板处则通过线板层次与间照美化拉高空间。顺应房主有收藏及品尝名酒的习惯，设计师在客厅的主要动线，以铁艺打造一处名酒展示柜，不仅拿取方便，也具有增添空间质感的艺术价值。而在分属房主夫妇与两个小孩的私人区域中，则依照性格喜好，在华美温馨的框架下，打造专属的卧室设计。

5

1.**更衣室**：临窗的梳妆台更衣室规划，让女主人每天都从沐浴日光的好心情开始。
2.**主卧室**：更衣室隐藏在床头的门板内。
3.**男孩房**：复层堆叠的床头立面，以直纹与深色表现男孩房的沉稳气质。
4.**女孩房**：菱格纹绷皮与山茶花图案雕花，呈现女孩房的古典浪漫。
5.**造型柜**：床尾衣柜结合灯箱展示柜，具备美感与收纳功能。

1

2

3

4
5

定制一场质感时尚新古典

坐落位置 | 桃园市·中正艺文特区
空间面积 | 429m^2
格局规划 | 玄关、客厅、餐厅、厨房、主卧室、男孩房、女孩房、神明厅、更衣室×2、书房、卫浴×3、储藏室
主要建材 | 大理石、马赛克贝壳板、定制皮革板、年轮砖、平光砖、铜雕玻璃、裱布板

几百平方米的豪奢尺度，给予擅长“新古典气质奢华风”的设计师，完善且充分的发挥空间。双推门扉内，皮革板与贝壳板复层包框的透光玉石大理石，营造纹理丰富的自然山水画端景；黑白交错的拼花地面线条借助喷砂手法，延伸对称列于镜面两侧；最后以一张金漆描边的银箔定制柜定调奢美意象，展演质感新古典的居家风格。

为突显全定制家具的新古典华美，空间架构以现代手法结合局部线板呈现，除了以设计师擅长的大理石艺术建构奢华气质底蕴外，另结合马赛克贝壳板、皮革板、年轮砖及铜雕玻璃等元素，增添气韵非凡的质感妆点，而神明厅、储藏室、厨房与女孩房门板，皆隐藏在异材质元素的立面中。在分属不同使用者的私人区域里，有着截然不同的个性表情，玫瑰花图案屏风划分出主卧室的内玄关功能，并通过床头裱布板的延伸包覆放大空间感；采用灰色调规划的男孩房，以简约利落的线条呈现；而女孩房则注入小主人喜爱的蓝紫色系，营造白色混搭浪漫柔美风情。

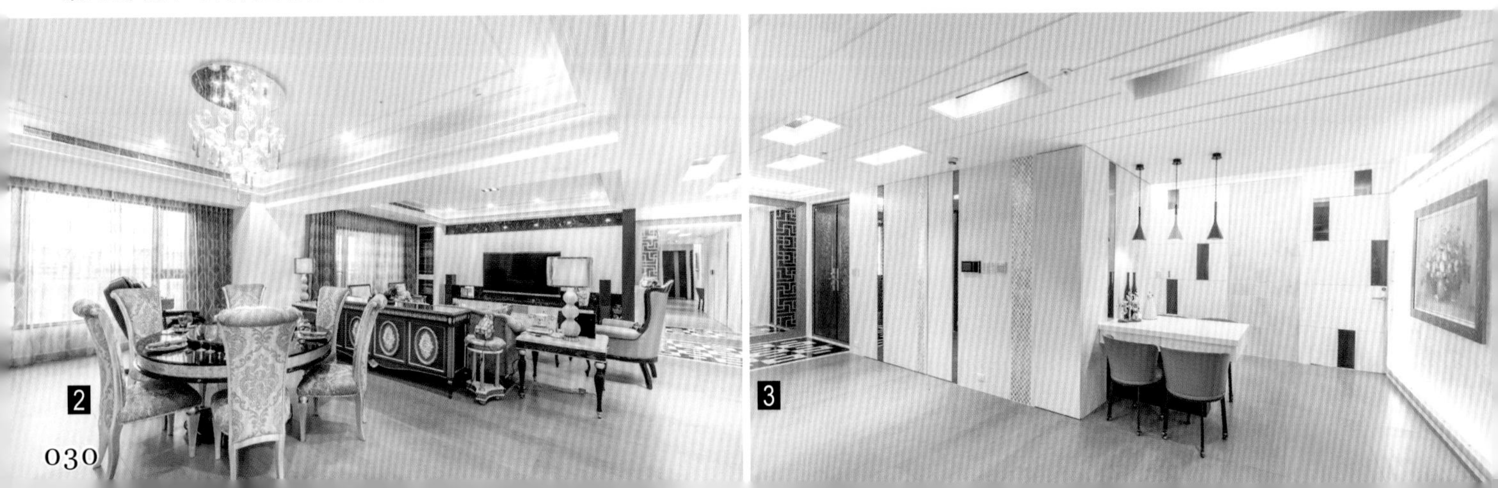

4

1.玄关：透光玉石大理石构造一幅端景山水画，与拼花地面、银箔定制柜共塑进门处的华美意象。
2.客厅：黑白拼构的电视墙下方，定制专门的地毯收纳柜，只要移开门板即能方便铺展与收纳地毯。
3.餐厅：优美华丽的餐桌椅上方悬垂线条特殊的造型水晶灯，以现代手法呈现华丽新古典。
4.立面规划：干净立面上缀饰马赛克贝壳板、年轮砖、茶镜等材质，隐藏柜子设计变化立面层次。
5.主卧室：撷取玫瑰花瓣线条定制的造型屏风，在主卧室中独立内玄关功能。

5

豐筑工坊·设计师 吴泓蔚

不言而喻的艺术张力

坐落位置 | 台中·七期
空间面积 | $264m^2$
格局规划 | 玄关、客餐厅、开放式中岛厨、廊道、主卧室、次卧室房
主要建材 | 天然木皮、烤漆、黑森林大理石、金属马赛克、朱铭雕刻与其他艺术收藏

本案中房主是退休夫妻，营造宽敞、舒适的居住氛围是首要考虑的，同时功能配置、动线、采光、视觉景致等，都需纳入设计规划中。设计师将原先的三房格局，调整为功能完整的两房空间，从踏入玄关开始便能感受到空间的宽裕，视觉所及的立面通过房主的艺术收藏与材质转换，于清雅的空间中注入人文气质的内敛奢华。

SHADES OF GREY

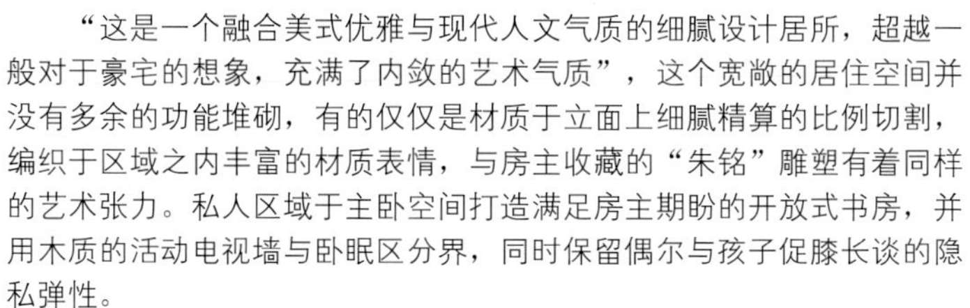

“这是一个融合美式优雅与现代人文气质的细腻设计居所，超越一般对于豪宅的想象，充满了内敛的艺术气质”，这个宽敞的居住空间并没有多余的功能堆砌，有的仅仅是材质于立面上细腻精算的比例切割，编织于区域之内丰富的材质表情，与房主收藏的“朱铭”雕塑有着同样的艺术张力。私人区域于主卧空间打造满足房主期盼的开放式书房，并用木质的活动电视墙与卧眠区分界，同时保留偶尔与孩子促膝长谈的隐私弹性。

1.玄关：立面以亮面的石材与黑玻散发盈盈奢华光泽，朱铭雕刻坐于一旁，以具张力的姿态创造人文感的迎宾氛围。
2.端景概念：视线可触及的立面都以房主收藏的艺术品收尾，通过拱框与线板的暗示功能分界。
3.客厅：与轻食厨房、玄关等功能的关系，像是被黑色的大画框裱起，宛如连续并排的优雅展厅。
4.中岛厨房：结合吧台的开放式厨房，利落简单的功能造型，以立面材质变化丰富空间内涵。
5.主卧室：壁纸于白色线板框内，大地色调创造手感的纹理，与柔软的绷布拉扣床头，塑造美式清雅的舒适。
6.7.主卧书房：电视墙实为大面的推拉门，于床尾处保留书房区域的隐私弹性。

泰信室内设计·设计师 王圣文

引景入室·框饰现代大宅美学

坐落位置 | 桃园市

空间面积 | 182m^2

格局规划 | 玄关、客厅、餐厅、厨房、主卧、次卧×2、卫浴×2

主要建材 | 大理石（银狐石）、壁纸、壁布、钢刷木皮、造型线板、烤漆、铁艺、皮革软垫

绿色湖水在视线可及处，映照着灿亮日光，折射出耀眼光带，在一片绿林环抱的葱拢绿意中，营造出绿的清新层次，拥有绝佳视野的本案，以现代新古典的华丽之姿，专属的高规格规划，定调大器恢宏的大宅美学。内外玄关的分界，让空间更具完整与私密性，同时更是注重生活质量与隐私的大宅。

长向落地窗引入敞亮日照，黑白对比设色的电视墙与沙发组，通过皮革软垫与茶镜数组的主墙衬饰，框定客厅主区域气势；开放规划的餐厅位于空间动线轴心处，延续玄关木作元素，结合对称规划的喷砂图案，在茶镜收边的包覆下，让收纳框展示其中的物品，烘托出餐厅的焦点核心概念。框景概念延伸到主卧室中，结合白色皮革软垫，以柔软样貌婉约带出主卧室的气势，而另外两间次卧，则分别运用木皮、壁纸、皮革软垫等元素装饰，划定出截然不同的空间表情。

1.**客厅**：皮革软垫与茶镜数组规划的主墙，结合茶镜框饰主区域气势。
2.**外玄关**：独立在室内空间外的外玄关规划，确保屋内绝对不受打扰的私密性。
3.**餐厅**：位于动线轴心的餐厅，设计师另规划艺术品收纳展示柜，定义区域的核心焦点地位。
4.**主卧室**：白色皮革软垫外以深色外框包边，借助柔软的材质，低调表现主卧室气势。
5.**次卧室(一)**：对称木皮中间以菱格纹皮革软垫烘托次卧室的微奢气质。
6.**次卧室(二)**：结合木作与壁纸元素，通过色彩、比例打造截然不同的次卧室氛围。

莳筑空间设计・设计师 朱皇莳

萃紫・蔓延
新古典唯美

坐落位置 | 新庄
空间面积 | 116m^2
格局规划 | 客厅、餐厅、厨房、书房兼客房、主卧室、男孩房×2
主要建材 | 石材、铁艺、书柜、灰镜、喷漆、壁纸、线板

本案中，设计师以生活入画，萃取空间设定的紫色浪漫，融合居住者的气质与品位，抽象地挥洒出专属此空间的迎宾之作。由设计团队亲笔绘制而成的油画，呈现于视觉上醒目的动线交界处，不仅延伸空间风格与居住者的特质，成为空间中的艺术亮点，实际上更结合拉门的功能，定义出客餐厅和卧室的内外之别。

让空间展现流畅大气的尺度，是格局构想的起点。设计师现场勘查后，移动原本开向客厅，导致墙壁长度受限的男孩房门口，使客厅能拥有完整延展的背景墙。出入卧室的动线划分于油画拉门之内，并在通道上顺势争取储藏室空间，满足家人的收纳需求。而新古典的优雅白色基调中，运用线板及对称式古典元素，缀以散发淡雅质韵的唯美紫色，使浪漫因子轻盈入室，局部再通过镜面、玻璃的反射借景，创造出无尽蔓延的美好意象。

1.**沙发背景墙**：运用线板及对称式古典语汇，缀以散发淡雅质韵的紫色调，让浪漫因子轻盈入室。
2.**过道**：以抽象的油画作品作为迎宾的主要画面，同时兼顾公共空间的冷房效果。
3.**公共空间**：从灰镜、油画至壁纸，以材质变化确立区域划分，亦演绎出多层次的视觉飨宴。
4.**备餐柜**：展示柜深度可供双面应用，开向厨房作为电器收纳，提升实用效益。
5.**主卧室**：以线板与床头板堆砌出古典高雅，搭以台灯光源的增色，创造柔和的睡眠气氛。
6.**书房兼客房**：以深浅交错的条纹壁纸铺陈出稳重调性，预先设置标准单人床尺寸的卧榻，让书房随时可以转为客房使用。

欧爵室内装修设计有限公司·设计师 黄琪瑢 Vicky

以爱为名·新古典乐章

坐落位置 | 忠诚路
空间面积 | 122m^2
格局规划 | 3室2厅2卫
主要建材 | 西班牙木纹砖、西班牙方格砖、意大利进口砖、壁纸、木地板、系统板材

面对40年的老房子，以及略显狭长的既有格局，本案设计师以新古典的曼妙乐章，重新谱写了一曲家的幸福乐章。由复古花砖明确处理的落尘范围，自进门玄关即预告了整体风格的出众品位，而顺着动线行进依序规划的鞋柜，则提供了生活所需的收纳功能。

1.**玄关**：带入复古色泽的花砖滚边，明确处理进门玄关的落尘范围，同时也提前预告了华丽新古典的动人乐章。
2.**主卧室**：略为加重的华丽笔触，能够从画框线板与壁纸图案上窥知一二。
3.**元素串联**：化简无谓刻意的色彩布局，让拉扣沙发成为白色场景中的瞩目亮点。
4.**餐厅**：在家具款式的选择上，延续着新古典一脉的风格调性。
5.**厨房**：挑选白色系列的成套厨具，提供赏心悦目的烹食环境。
6.**轻透视野**：以玻璃格窗取代实墙，除了为新古典风格加入了适度的美式元素之外，同时更让视野显得格外轻透。
7.**书房**：善用系统板材的灵活特性，模糊收纳与展示之间的明确分界。
8.**更衣室**：包含中岛展示柜及分序安排的收纳形式，打造出令人欣羡的更衣空间。
9.**面积利用**：利用原先屋况结构的多梁特性，顺势创造出日常所需的收纳空间。

采光问题则是通过玻璃取代一部分的实墙来解决，也为新古典风格注入了适度的美式细节。而在收纳规划上，利用系统板材的灵活特性，淡化模糊收纳与展示之间的明确分界，色彩布局上则避免无谓多余的视觉干扰，借助高雅纯白逐一串起空间中的主题脉络。

澄境室内设计有限公司 · 设计师 郑抿丹

晶灿动人·轻古典唯美

坐落位置 | 新北市 · 淡水区
空间面积 | 116m^2
格局规划 | 3室2厅
主要建材 | 壁纸、茶镜、铁艺、木皮、绷布、石材

因为难以割舍一场曾经与新古典的美丽邂逅，在另启一段人文简约的人生新途上，女主人希望保留部分的晶漾璀璨。设计师收起张扬繁复的雕饰线条，着墨在洛可可线条家具以及采用艺术画框包覆菱格纹茶镜的厨房门板上，并在柜门与桌体处缀上水晶、水钻饰带，同时用施华洛世奇水晶把手使空间的精致度更臻完美。

1
2
3
4

5

顺应家庭人口的需求，设计师封起客厅沙发墙面而增设小孩房，另于廊道规划双面使用柜，以补足客厅不足的储物容量，而结合铁艺、玻璃与木皮共同构造的英式风情门板，则分隔出公私区域的独立性；敞开门扉时，直视目光落在大女孩房门板菱格纹绷皮的设计，丰富了廊道端景视野。考虑到男主人需要白天休息的工作情况，设计师在主卧室与主卫浴间规划了不透光的活动式电视墙，这种弹性格局情况的分割，能灵活变化生活氛围。

1.**人文简约**：取舍繁复的雕饰线板，于现代简约中注入唯美人文精髓。
2.**廊道端景**：大女孩房门板菱格纹绷皮的设计，丰富廊道端景视野。
3.**玄关**：重新铺设黑白菱格地面，并利用柱子线条增设门斗界定内外。
4.**立面延伸**：功能独立的电视墙与木作收纳柜，借助茶镜框景的延伸，拉大了区域面积。
5.**隔断门板**：结合铁艺、玻璃与木皮构造的英式风情门，划分出公私区域的独立性。
6.**主卧室**：L形大角度采光窗，借助不透光的活动电视墙，依生活需求变化光源。
7.**大女孩房**：窗边柜设计滑动书桌，可随时灵活地调整空间的样貌。

6

7

誉熙设计・设计师 许令强

清新混装・功能美宅再进化

坐落位置 | 万华区
空间面积 | $112m^2$
格局规划 | 客厅、餐厅、厨房、书房、主卧室、客房、小孩房、卫浴
主要建材 | 人造石、矿石板、烤漆、进口壁纸、木皮

"带入清新淡雅的美式乡村混装，重新诠译功能美宅的进化定义。"本案中设计师尝试在开敞视野、功能配置及风格主题的呈现上，找寻合乎使用逻辑的完美平衡。顺应梁柱结构的格局分野，呈现各区域明确的功能范围。通过的用色，轻柔地叙写出无拘生活的闲逸风情。

1

2

本案中，考虑到房主生活习惯需逐一归纳来进行功能安排，强调“化整为零”的收纳逻辑。以餐区与吧台依序并存的空间关系，来顺应个别来进行不同的享食需求。而在厅区主景的风格营造上，则带入了精准到位的美式元素，再配合间照光带与层次变化的叠加效果，呈现出加倍立体的张力。客厅背景墙以大面格窗取代了封闭阻绝的既有墙面，微妙定义着厅区、书房的生活品位。

1.**电视主墙**：带入美式元素的客厅主景，配合层次变化及间照光带更显立体张力。
2.**客厅背景墙**：以大面格窗取代墙面，定义着关系微妙的生活品位。
3.**天花板**：借助层次差异的天花板造型，区别出各自独立的区域范围。
4.**风格主题**：细致的用色笔触，轻柔叙写美式乡村的闲逸风情。

4

1.明室格局：以居中动线逐一理清左右分序的功能区域，维持着通透开敞的明室格局。

2.餐区：层次深刻的收框线条，为乡村款式的碎花壁纹加倍增色。

3.玄关功能：根据起居惯性所做出的功能安排，体贴地整合了摆放随手小物的平台规划。

4.层次景深：以格栅天花板起始，通过白色格窗，最后让视线落在客厅区主景上，叠合出层次丰富的景深效果。

5.书房：功能主导的使用安排，满足了亲子共读与足量收纳的双重需求。

5

华悦空间室内设计·设计师 李昌隆

贵气优雅·气蕴而生

坐落位置｜新北市·新板特区
空间面积｜363m^2
格局规划｜客厅、餐厅、厨房、主卧室、卧室、神明厅、书房、佣人房、卫浴×4
主要建材｜烤漆、金银箔、玻璃、五金、雪白银狐大理石

新古典的浪漫意图，从梯厅立面与地面包覆的完整性开始，深色大理石沿柱子、墙角滚边，聚焦视野于水刀切割大理石拼花地面处，并以同色系软件布置，种上一份绿意，使贵气优雅气蕴而生。

轻启进门，金箔与香槟金分别以镂空板、线板形式铺排，虚实之间定位出端景存在；设计师整合出客、餐厅的通透明朗与对称比例，而线板、光源则虚化了梁体与空间的强势切割。对称规划在电视主墙两侧的开放展示柜，借助横向线条的视觉延伸，不同空间的大气尽显，为呼应对向的墙体规划，沙发背景墙则采用同样壁纸添色，立体的纹理加以对称线板，巧藏书房门板于其中，辅以分割细腻的线板牵引，通过于相对立面处运用不同介质，呈现相似的对称趣味。

迎合着房主对于风格的喜好，设计师让出部分私人区域空间，调整出公共空间的实用度，餐厅空间里除了白色基底外，在局部用鹅黄色添入，以对应上客厅的金色调性，使空间有了环环相扣的串联，黄色基调的分层变化，更见长形区域里的设计层次。

餐厅：白色基底外，在局部添入鹅黄色，对应客厅的金色调性，使空间有了环环相扣的串联。

看似基础的古典氛围中，在格局微调工程中强化了隔音内衬，既阻隔了大楼管道间的杂音干扰，又让新古典的生活有了气质开始。

1.**客厅与餐厅**：整合出客、餐厅的通透明朗，线板、光源虚化了梁体与空间的强势切割。
2.**外玄关**：深色大理石沿柱子、墙角滚边，聚焦视野于水刀切割大理石拼花地面处，并以同色系软件布置，再种上一份绿意，使贵气优雅气蕴而生。
3.**进门端景**：轻启进门，金箔与香槟金以镂空板、线板形式铺排，虚实之间定位出端景存在。
4.**客厅**：沙发背景墙采用同样壁纸添色，立体的纹理加以对称线板，巧藏书房门板于其中。
5.**餐厅一角**：展示性柜子的设计，在开放与收纳间协调了生活的可能。

1.餐厅过渡设计：顺应长形格局的先天不足，设计师借助门斗巧妙以细腻线条撑起空间中心，两侧立面如同门扉般设计，呈现恰到好处的妆饰效果。
2.公共区域：迎合着房主对于风格的喜好，设计师让出部分私人区域空间，调整出公共空间的实用度。
3.男孩房：古典氛围中，在格局微调的工程中强化隔音内衬，阻断了大楼管道间的杂音干扰。
4.长辈房：使用隐藏式手法，在长辈房内的床头板后方设计了卫浴空间。

3

4

不同凡响·古典艺术现代宅

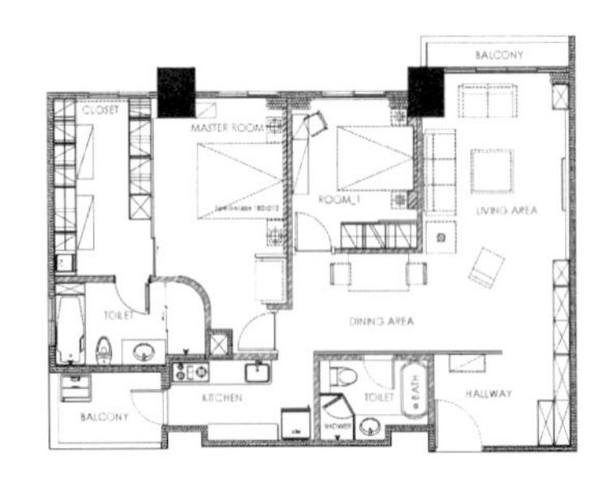

坐落位置 | 台北市
空间面积 | 116m^2
格局规划 | 客厅、餐厅、厨房、主卧室、次卧室、卫浴×2
主要建材 | 特殊壁纸、钢烤、镀钛金属、壁砖、木皮、镜面、黑铁

视觉强烈的马头造型灯，配合上巴洛克线条天花板，在光源与镜面反射间构图出耐人寻味的亮点，从玄关起始，就是一场艺术时尚飨宴。内部空间，从电视主墙面转向开始，设计师创造引景入室的生活画面，室内风格上纳入居住者从事时尚流行工作的生活轨迹，灰阶色系为底，混搭上三种以内的色彩变化，穿衣服为概念的装置居宅风格，具体刻画家的表情。

在风格的变化上，更是大胆地从黑色时尚开始，英伦风情的客厅或维多利亚浪漫的次卧空间，都让每一区域的设计有着独立切换的生动，间或穿插自然光、蜜桃色、霓虹灯三种间接光源变化，当然，时尚与生活更有了紧密的串流互动。

动线收纳：钢烤面底搭配上镀钛线板框，古典与现代交错中，蕴纳着大量体的收纳功能。

1.**玄关立面**：黑色系玄关用色彩震慑住来客的第一眼印象，仿石材晶亮壁纸、造型壁灯再强化空间时尚度。
2.**次卧室**：戏剧性的沙发床头搭配雕花线板，营造维多利亚宫廷式的浪漫。
3.**餐厅**：可折式的三面镜设计，让餐桌兼具工作台功能，镜面折射中同时放大廊道视感。
4.**主卧室**：将原有格局破除，改以两房合一的主卧空间，造型隔屏创造了睡眠与小书房运用段落。
5.**客卧卫浴**：布局调整后的卫浴空间，流畅廊道动线之际，更以线板隐藏、镭射切割做出通风孔。

2

4

5

精彩擘画居家殿堂

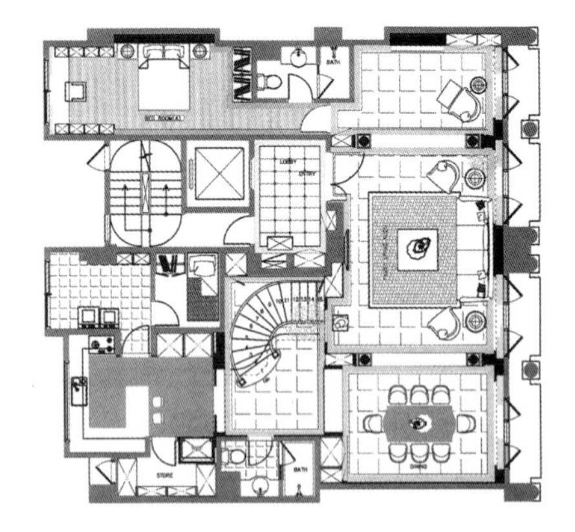

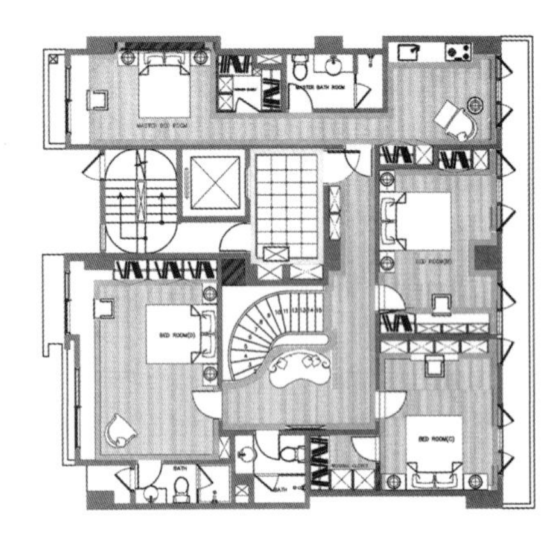

坐落位置 | 台北市
空间面积 | 248m²
格局规划 | 客厅、餐厅、厨房、主卧室、卧室×4、卫浴×5
主要建材 | 胡桃木地板、木作、油漆、玻璃、窗帘、壁纸家具组、地毯、灯具、大理石面、挂图

设计师精心擘画每个点线面的起落，通过色彩及材质的表现，让整体空间呈现精致奢华与傲人气势。进入大空间所规划的辉煌大厅，以开阔的形式呈现连接餐厅及起居室，使用深色系及金色为基调铺陈，表现出丰富层次变化与区域表情，塑造一个精致的品位圣殿，让空间质感相互串联。

公共空间的区域区隔，以大框架、华丽的线板雕饰及罗马柱，在细腻中刻画气韵及风华。精艳视觉意象延续到餐厅，以水晶吊灯展现奢华贵气，并以古典形式的餐、桌椅成为视觉的焦点，也丰富空间的层次感。

主卧室刻画出美的轮廓，将新古典的曲致美感展现淋漓尽致，床头线板与雕饰交织出华美的风尚。其他房间的风格营造上，都是独具匠心，每一间都能突显个人风格，并塑造着设计的一贯主轴。

大厅：进入大空间所规划的辉煌大厅，以开阔的形式呈现连接餐厅，并使用深色系及金色为基调铺陈。

1.**客厅**：设计师表现出丰富层次变化与区域表情，塑造一个精致的品位圣殿，让空间质感相互串联。
2.**区域区隔**：公共空间的区域区隔，以大框架、华丽的线板雕饰及罗马柱，在细腻中刻画气韵及风华。
3.**餐厅**：精艳视觉意象延续到餐厅，以水晶吊灯展现奢华贵气，并以古典形式的餐、桌椅成为视觉的焦点，也丰富空间的层次感。
4.**卧室**：营造精致的品位圣殿，让空间质感相互串联。
5.**主卧室**：刻画出美的轮廓，将新古典的曲致美感展现淋漓尽致，床头线板与雕饰交织出华美的风尚。
6.**卧室一隅**：以深色调性，揭示优越气派的空间主题。
7.**古典线条**：以古典的线条勾勒收纳柜的线板与化妆台造型，是美丽故事的延伸。

罗宾斯美学设计 · 设计师 吕宏泽

光氛璨亮 · 荟萃似水年华

坐落位置 | 台中 · 七期（似水年华建案）
空间面积 | 396m²
格局规划 | 玄关、客厅、吧台、厨房、水晶阳台、主卧室、更衣室、卫浴
主要建材 | 柚木实木、夏木树石、香檀实木、黑镜、梧桐木、意大利瓷砖

豪宅的层峰奢华，不是追求现代流行，让品位成为一种可复制的行为，罗宾斯设计强调“唯一”的客制理念，将居住者的生活背景与个人审美付诸空间设计，严选顶级上好的材质，注入具有设计感的品位家，让空间成为独一无二的无价之所。

业主因公需要长期往返欧美与大陆两地，短期独自返台的时间，希望能有完全自主的创意空间。从事设计相关产业，不但色感敏锐，自有一套审美标准，身为跑车与哈雷的重量级玩家，业主相当排斥一成不变的生活，历时两年多次的沟通讨论，这处目眩神迷的独创豪宅终于成形。

走进这间宅邸，一房一厅的豪华规格，以私人会馆形态，大胆实现心中对美的要求。HERMS奢华自行车静静停于玄关，以香檀木为主材的柜子，让空间充满木质清香；而作为本案灵魂的“光”，自住宅起始便绽放五光十色的绚丽，以水墙形式展现水柱舞动之美，更兼具穿透性延展大宅尺度。

客厅：天花板板使用七彩变幻的LED灯，通过灯光情境让住宅氛围不再一成不变。

1.**客厅**：主位的沙发和摇摇椅，每一件皆以业主喜好定制与挑选，表达出居住者的品位。
2.**吧台&厨房**：规划开放式的明亮餐厨区，满足业主平时在家开伙的功能需求。
3.**外玄关**：使用香檀实木制成鞋柜，开启门板便有木质香气扑鼻而来。
4.**内玄关**：以水墙形式展现水柱舞动之美，更让内外空间具有穿透感，延展大宅尺度。

2

3

4

1

2

客厅七彩变化的LED灯光，搭配主位的沙发和摇摇椅，每一件皆以业主喜好定制与挑选，反映出热情外向的奔放性格。卧室更是全案最精彩之处，厚度达4m的柚木原木地板，架高同样赋予炫目光氛的睡眠区。开放式的卫浴设计，浴缸水源由天际洒落，陈以渐变色彩的灯光情境，让洗浴成为视觉与身心的多重享受。洗手台的木质背景墙更是一绝，三片大拉门全部敞开，便能串联豪宅，让业主完全独享以万变光影、创意媒材组成的璀璨奢华。

1.**卧室**：厚度达4m的柚木原木地板，架高睡眠区让开放区域有属性之别。
2.**电视墙**：悬空的石材电视墙结合发光量体，任一角度都有令人眼睛为之一亮的精彩。
3.**水晶阳台**：建案主打的特殊格局“水晶阳台”，毫无死角地收拢台中绝美夜景。
4.5.**更衣室**：以麋鹿角作为吊钩，用以快速摆放业主的帽子与配件，兼顾实用性与设计感。
6.**浴室**：不同于普遍浴室设计，这次在天花板板装置出水孔，水源从天际洒落形成水柱，大胆地实现新潮想法。

古典美学的极致展现

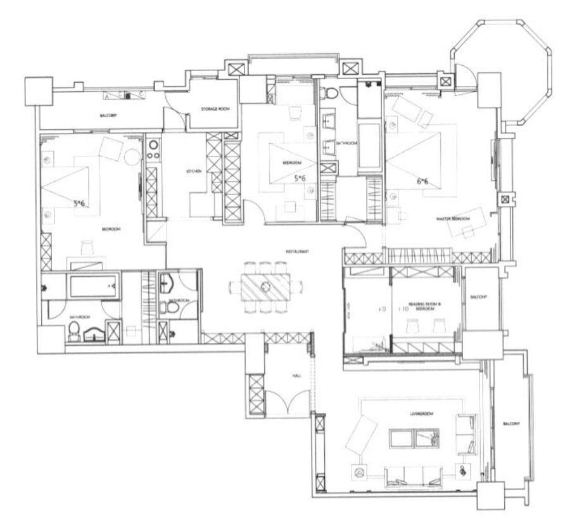

坐落位置 | 台中市

空间面积 | 231m²

格局规划 | 玄关、客厅、餐厅、厨房、书房兼客房、主卧室、女孩房×2、卫浴×3

主要建材 | 线板、烤漆、大理石、茶玻、黑檀木、皮革、壁纸

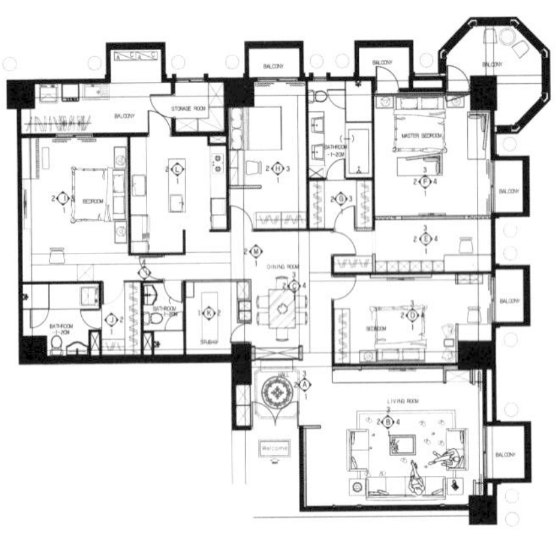

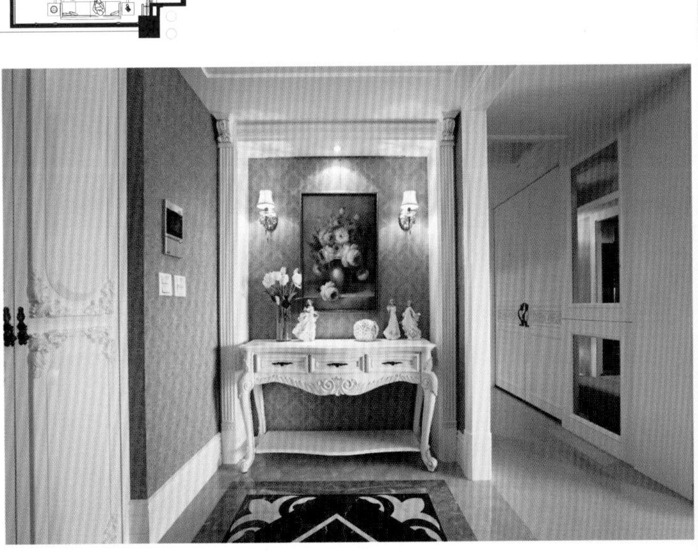

Case1 轻古典 优雅度假空间

作为度假用的空间，重点在于融入房主的艺术品收藏，以基本古典元素打造优雅度假生活。从玄关起始，茶玻镜面交错反射间，展示柜内的瓷器艺术品隐约可见，与人量的皮革、壁纸混搭优雅品位。在新古典的氛围营造里，客厅后方的书房，十艺设计打开区域，塑造二进式开放空间，自然简约的设计线条，是设计师尊重每一个居家成员需求的贴心表现。

1.**展示收纳**：茶玻镜面交错反射间，展示柜子内的瓷器艺术品隐约可见。
2.**英式古典**：窗边英式古典书桌，聚焦出优雅端景视野。
3.**书房**：十艺设计打开区域，塑造二进式开放空间。
4.**主卧室**：菱格纹绷皮床头，搭配华美梳妆台，塑造浪漫与大气的主卧室情调。

1

十艺联合室内设计 · 设计师 许戎智

Case2 金系时尚 巴洛克奢华

相同的建案、面积，差不多的格局，稍有些许的材质变化，就能转化全新的设计风貌。有别于度假宅的规划格局，住家需有较多的收纳空间，房主早先已购入巴洛克风格沙发，加上旧家的软件、家具，十艺设计依照房主的预设条件，辅以石材、金箔、壁纸、金丝刺绣壁布等奢华元素，考究线板、雕花等立体层次，打造古典奢华。

除了在餐厅后方以隐藏手法打造SPA工作室，设计师亦在每个专属的私人休憩区域中，赋予完全不同的空间表情，喜爱纾压自然风格的大儿子房，设计师以裸砖、木格栅、仿古作石材等简约线条，呈现年轻雅痞古着时尚风。

1.**客厅**：依照房主的要求，打造经典巴洛克风。
2.**玄关**：金色壁纸缀以白色线板，结合欧式古典家具烘托古典皇家风范。
3.**古典奢华**：以石材、金箔、壁纸、金丝刺绣壁布等奢华元素，考究线板、雕花等立体层次，打造古典奢华。

1.**主卧书房**：二进式的设计，进入主卧室前需先经过主卧书房。
2.**大儿子房**：设计师在每个专属的私人休憩区域中，赋予完全不同的空间表情。
3.**古着时尚风**：裸砖、木格栅、仿古作石材等简约线条，呈现年轻雅痞古着时尚风。
4.**餐厅**：餐柜两侧各隐藏了收纳柜与进入SPA工作室的动线。

奢华绝美・现代行宫

坐落位置 | 新北市・淡水
空间面积 | 330m²
格局规划 | 玄关、双客厅、餐厅、厨房、客房×2、女孩房、主卧室、宠物区、佣人房
主要建材 | 实木雕刻、实木百页、进口五金、镶嵌玻璃、壁纸、钢琴烤漆、实木地板

让空间成为一个艺术珍藏，是设计师着墨房主对于古典喜好延伸而出的经典，公共区域以休憩区为起始，白色实木屏风的雕刻华丽感对应上太阳花图案地面，细腻线条优雅处理了风水中穿堂煞疑虑。

漫步于空间，依右侧收纳柜转折，白色立面导引出迎宾厅与休闲厅主动线，简洁基底中俩俩相对称的立体线条巧藏了客卫与佣人房开门，而“对称”及“比例”的精准掌握再次强化了古典原味，呼应着公共区域的风格元素，对开设计的主卧室同以花雕屏风遮掩，床头玫瑰花样与线板雕柱展现居宅里的唯美艺术，体现大宅气势与艺术显耀。

1.**客厅**：双面采光的客厅区域，刻意放宽窗幔尺度修饰，展现连续性的落地和大气视感。
2.**玄关休憩区**：公共区域以休憩区为起始，白色实木屏风的雕刻华丽感对应上太阳花图案地面，细腻线条既优雅，又解决了风水中穿堂煞的疑虑。
3.**餐厅**：独立于空间的餐厅，嵌以玻璃的双开门通过“对称”及“比例”的精准掌握，强化了古典原味。
4.**主卧内玄关**：贴心安排猫跳台等功能，满足女主人宠爱猫咪的期待。
5.6.**主卧室**：呼应着公共区域的风格元素，对开门设计的主卧室以花雕屏风遮掩，床头玫瑰花样与线板雕柱，都体现居宅里的唯美艺术。

和峯室内装修·设计总监 吴思谦

顶级建材铺叙上质人生

坐落位置 | 新北市·三重区
空间面积 | 304m²
格局规划 | 父母：客厅、餐厅、厨房、神明厅、书房、主卧室、女孩房、男孩房、更衣室、卫浴×4、大儿子：客厅、餐厅、厨房、主卧室、更衣室、鼓房、客房、卫浴×2
主要建材 | 80×80抛光砖、大理石、组合家具、顶级木柜、黄玉

本案是两代人生活的一个三户打通的单层空间，设计师在毛坯房阶段进场规划，通过重新配置管线与隔断，打造出父母与大儿子居住的两个空间。

金箔板材鞋柜与悬垂而下的水晶吊灯，于入门口处即可感知房主欲彰显的豪宅气度，设计师严选少见的黄玉铺设备餐柜台面及分野客厅、神明厅的矮柜台面，在沉稳设色空间中跳出空间亮点，并于电视墙面施以无缝美容，高级石材的选搭与氛围铺陈，衬托出企业主的气度与身价。

1
2
3

对木头情有独钟的房主收藏了大量木雕作品，设计师除将各功能空间以大量隐藏收纳拉出立面平整度放大空间外，也将木雕收藏妥善规划于展示柜中，并克服居住空间的现有问题，成功在室内打造2m长的海水鱼缸，满足房主对家的想望。

1.**黄玉铺面**：设计师严选少见的黄玉，在沉稳设色空间中跳出空间亮点。
2.**开放空间**：设计师重新配置管线与隔断，分别打造父母与大儿子居住的两个空间。
3.**书房**：可滑动的书柜设计，房主可依照需求调整生活模式。
4.**主卧室**：简约的立面线条后方，隐藏收纳空间及卫浴门板。

纯白新古典・清雅飘香

坐落位置 | 台北・新生北路
空间面积 | 79m²
格局规划 | 玄关、客厅、餐厅、厨房、主卧室、小孩房、卫浴×2
主要建材 | 黑金峰大理石、镀钛镜花玻璃、夹砂玻璃、明镜、白色喷漆、壁纸、超耐磨木地板

纯白优雅，是设计师对本案最完美的诠释。纯白色为基底的主区域，辅以多层次线板修饰新古典表情，在镀钛金属、石材、夹砂玻璃、镜面等现代元素中，配以时尚优美的古典线条家具，融会出优雅脱俗的时尚新古典空间。

简约的线板设计，凹凸的立体线条，成了设计师隐藏收纳空间的最佳掩体。除了在客厅的视听机柜外，设计师亦在餐桌旁的立面线条中，隐藏了储藏室、电器柜及客卫浴的门板，通过将空间线条收至最少，创造出有暖度的高雅新古典空间。

3

1.纯白优雅：纯白优雅，是设计师对本案最完美的诠释。
2.主卧室：设计师利用梁体深度，在下方打造大容量收纳柜。
3.建材搭配：在镀钛金属、石材、夹砂玻璃、镜面等现代元素中，配以时尚优美的古典线条家具，融会出优雅脱俗的时尚新古典空间。

舍子美学设计 · 设计总监 詹秉萦

专属契合 · 冲突美学

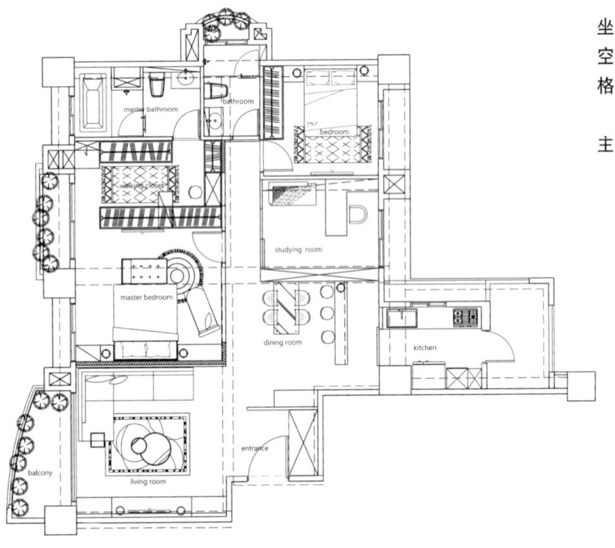

坐落位置 | 竹北
空间面积 | 106m²
格局规划 | 玄关、客厅、餐厅、厨房、书房、主卧室、次卧、卫浴×2
主要建材 | 木皮、文化石、天然石材、镜子、铁艺

对于空间风格，房主期待有香奈儿的低调奢华，又能有像漫步在欧洲石材古街的历史情怀。因此，设计师在这份理想中，巧妙运用元素让公、私区域有了自我风貌。

进入玄关区域，外出衣与鞋柜的结合是玄关柜的主要功能美，设计师选择以折门和拉门并用，给予鞋柜区域犹如进入另一个空间的古典想象；而地面与室内空间的高低落差则是方便清洁的贴心设计。由于建筑体中梁多且大的本体限制，设计师在客厅天花板施以流线弧形，精算过的曲线收住7.1声道音响及投影机，完美挑高视野尺度。

顺应单身房主的需求，设计师将原本的四房改为两房及半开放式书房空间，塑以纽约都市风情书房，风化木染绿的鲜艳混搭黑板漆，沉稳跳脱独立表情；而大型的书柜量体实为双面柜，在餐厅面向变身收纳餐柜。

私人区域部分，两房合一的主卧空间，设计师在床尾处做出镜面悬板天花板，菱格造型呼应床头绷布演绎精品感，非制式的对称则让镜与柜有了一体成型的完整度，同时成就更衣间动线端景；卫浴部分也将不需要的建材退还，精省了工程也改造出了泥砌浴缸。

1.**客厅望向餐厅**：铁艺在餐厅与玄关分界上、下对话，顺势带出的屏风设定回避了入门直对卫浴的疑虑。
2.**餐厅**：大型量体实为双面柜，在餐厅面向变身展示餐柜，书房则为实用收纳架体。
3.**客厅天花板**：由于梁多且大的本体限制，设计师在客厅天花板以流线弧形，精算过的曲线收住7.1声道音响及投影机，完美挑高视野尺度。
4.**书房**：纽约都市风为主轴的书房，风化木染绿的鲜艳混搭黑板漆沉稳跳脱独立表情。
5.**廊道**：顺应单身房主的需求，将原本的四房改为两房格局及半开放式书房空间，并将不需要的地砖与主卧卫浴建材退还，精省工程。
6.**更衣间**：L形动线的更衣间和主卧区域串联，设计师在床头处以非制式的对称让镜与柜有了一体成型完整度，同时成就出入更衣间的动线端景。

3
4
5
6

迷恋新古典·浪漫唯我

坐落位置｜台北
空间面积｜132m²
格局规划｜客厅、餐厅、厨房、主卧室、更衣室、小孩房×2、卫浴×2
主要建材｜大理石拼花、80×80抛光砖、烤漆、壁纸、黑金锋大理石、大理石、线板、金线板、LED、不锈钢、人造皮、茶镜、紫色绷布、镀钛板、夹砂玻璃、清玻、茶玻

本案中，设计师将新古典风格融入了些许奢华，借助房主珍藏的展示品界定视觉重心，以夹砂玻璃搭配律动感十足的进门动线，在回避了风水疑虑的同时，让区域氛围多了几分活泼轻盈；框景式的主视觉面，则表达了客厅空间的磅礴大气，在大理石、线板和茶镜的铺陈衔接下，营造出空间的奢华自信。

1

2

借助镀钛板与茶镜喷砂的精彩表现，在放大视野感受的同时，一并呼应整体风格的延续性，厨房空间透过双开门划分，展现新古典中的对称原则，天花板镜面的灵活运用，体验全新思维下的大宅尺度，在局部点缀的马赛克拼贴中，营造专属的独享浪漫。

1.**电视主墙**：在大理石、线板和茶镜的铺排衔接下，延续空间的大气风格，厨房空间通过双开门划分，展现新古典中的对奢华自信。
2.**餐厅**：借助镀钛板与茶镜喷砂的精彩表现，在放大视野感受的同时，一并呼应整体风格的延续性。
3.4.**主卧室**：绷布收框下的对称安排，表达新古典中的浪漫风韵。
5.**卫浴**：宽敞明亮的空间，采取马赛克细心铺陈。

3

4

5

品浩设计工程有限公司 · 设计师 李守闳

同中求异 · 创造新古典温润表情

坐落位置｜中和
空间面积｜116m²
格局规划｜客厅、餐厅、厨房、卧室×3、更衣室
主要建材｜大理石、茶镜、樱桃木、风化梧桐木、白色烤漆

简化传统古典风格的繁复感，使生活回归到纯净轻盈的舒适度，设计师在素雅的白色基调中，运用时尚光氛围强调家的生活感；而温润平实的樱桃木材质，扮演了居中转化风格的角色，巧妙地牵引出人文取向的舒服温度。设计师不陷入墨守成规的思考方式，同中求异地加入新颖的设计元素，创意重现大气不失细腻的新古典风采。

通往房间的廊道，成为客厅和餐厅之间的隐形界线，抹去生硬的框架限制，在视觉上形成全然开放的形态，创造出开阔不受拘束的空间感。客厅讲究线条的造型力，塑造大方耐看的立面表情，如不受电视墙宽度限制，向旁边延展的平台设计，把入口端景及鞋柜纳入一体造型，而对称茶镜又衬托出中间白晶石的质感，彰显出客厅主墙的卓绝气势。

对于不同的空间属性，设计师也适时地调整氛围，掌握各种材质的特性，表现私人空间的风格；主卧室运用风化梧桐木，搭配整体光影的规划，从房外的新古典转换成沉淀身心的人文风情，返回卧室心境也会安定下来。

1.**餐厅灯饰**：除了走道正巧为客餐厅分界，餐厅也搭配一盏主灯，塑造空间的完整性。
2.**餐厅**：菱形拼贴的茶镜，为餐厅空间注入华丽度，宛若来到高级饭店用餐。
3.**公共空间**：以开放式的规划手法，整合室内空间感。
4.**主卧室**：房内大量使用风化梧桐木转化风格，释放出沉淀心绪的人文气息。
5.**长辈房**：以白色烤漆为主，利用上吊柜满足置物需求。

彦霖室内装修设计工程有限公司・设计总监 宋国征

漆色混搭・跳跃多重风格

坐落位置 | 桃园市・富国路
空间面积 | 264m²
格局规划 | 玄关、客厅、餐厅、厨房、书房、主卧室、更衣间、起居室、长辈房、小孩房、卫浴×3
主要建材 | 大理石、特殊加工玻璃、发泡线板、超耐磨地板、天然栓木皮、乳胶漆、壁纸、窗帘

本案为度假使用的居宅，房主期待能有较多的DIY布置和个性化展现，因此，在私人区域部分，设计师仅施以天花板及地面装修，通过大胆且缤纷的漆色展现美式乡村清新，或老英式酒吧的沉稳雅痞。

公共区域部分，玄关花镜鞋柜以格状镂空，带出独立性的展示区块，而双面向柜子在客厅处可作为影音机柜，而多元化的应用在元素设计上也如此。例如，餐厅与起居间的壁炉原为同一机体，设计师将其电子部分与木作壁炉结合，而框体则留作用于起居空间，通过巧妙构思加工成为亮点，不仅体现了预算准确运用的设计精神，也让房主的品位有了自在妆点。

1.2.餐厅：线板勾勒的薄型展示柜，采用两侧光源投射，完美烘衬出展示品的存在。
3.书房：部分空间仅施以天花板及地面装修，通过大胆且缤纷的漆色展现美式乡村清新，或老英式酒吧的沉稳雅痞。

1.**壁炉元素**：餐厅与起居间的壁炉原为同一机体，设计师将其电子部分与木作壁炉结合，而框体则留作用于起居空间，通过巧妙构思加工成为亮点。
2.**主卧室**：原本碍眼的凸柱，设计师加以平封处理落差处可作为柜子使用。
3.**主卧床尾**：为让空间能有光影流动，刻意不封闭处理的更衣间，让采光有了导入。
4.**小女孩房**：暖度的色彩搭以木百叶，表现小女孩专属童趣空间。
5.**长辈房**：定位为度假使用的居宅，房主期待能有较多DIY布置、个性化展现。

彦霖室内装修设计工程有限公司·设计总监 宋国征

黑白现代·混搭童趣生活

坐落位置｜桃园市
空间面积｜$132m^2$
格局规划｜客厅、餐厅、厨房、书房、主卧室、小孩房、书房、卫浴×2
主要建材｜文化石、铁艺、天然栓木皮、特殊金属马赛克、灰镜、银狐大理石、绷布、软件、结晶钢烤组合柜

黑白色调的现代感是女主人的期待，因此，空间大量的白于立面铺陈，造型错落、层次带出量体，而客厅地面上为了满足房主用地毯妆点，设计师巧妙以止滑砖、马赛克拼接，减少清洁麻烦的同时兼备软件意象表现。

另外，受限于大梁、餐厅不到2.2m的高度限制，设计师在天花板贴以镜面、通过反射创造景深，而公共区域内为安排钢琴的专属感，沙发背向施以双面造型柜，黑白错落宛如无声旋律轻扬。

疼惜着小宝贝的心情进入粉色系空间，卡通图案变身大型木作雕刻板，巧妙精算后的固定位置，有着替代开门把手使用的巧妙构思，在星星与月亮的陪伴下，房主与设计师沟通后在现代氛围中，给予了小朋友的专属童话世界。

1.**客厅**：地面上为了满足房主用地毯妆饰的期待，设计师巧妙以止滑砖、马赛克拼接，减少清洁麻烦的同时兼备软件意象表现。

2.**公共区域**：走入空间，大量的白于立面铺陈，造型错落、层次带出量体。

3.**钢琴**：公共区域内为安排钢琴的专属感，在沙发背向施以双面造型柜子，黑白错落宛如无声旋律轻扬。

1.**书房**：考虑到女主人担任教职拥有大量藏书，设计师在此安排了双层书柜，一次做足收纳功能。
2.**书桌**：难得见到的木皮元素，染黑后不仅提高女主人的接受度，也和铁艺有了绝妙的前卫混搭。
3.**餐厅**：受限于大梁、餐厅不到二米二的高度限制，设计师于天花板贴以镜面，通过反射创造景深。
4.**主卧室**：公主床幔的浪漫，衬以金属马赛克砖的床头，一刚一柔兼具表现。
5.**女孩房**：怀着对于小宝贝的疼惜之情进入粉色系空间，卡通图案变身大型木作雕刻板，巧妙精算后的固定位置，有着替代开门把手使用的巧妙构思。
6.**主卧更衣室**：铁艺与清玻璃构筑的更衣隔断，打破了传统更衣间的分野想象。

拾雅客空间设计·设计师 许炜杰

延伸·家的记忆

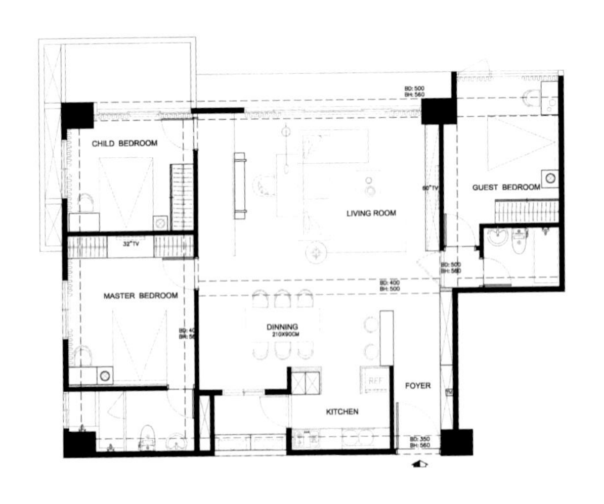

坐落位置 | 新北市·汐止

空间面积 | 264m²

格局规划 | 客厅、餐厅、厨房、书房、主卧室、客房×2

主要建材 | 钢琴烤漆、超耐磨地板、钢刷木皮、壁纸、明镜、大理石

本案中，设计师保留了原始格局，但考虑到入门后即看到私人区域的穿透门板，仅在开放式书房区块后方加以对称性格栅，这种低调而虚化式的串联，创造出艺术廊道般地氛围，巧妙留白手法也强化了公、私区域分界，提高了生活的隐秘性。

大区块整合性规划是设计师与业主沟通的重点，考虑到进入公共区域中有大梁贯穿的滞碍，设计师趣味性地以流明天花板加以深色黑框包边，勾勒出星光大道意象的同时也有了动线导引之效。整体色彩上则以白、灰与铁刀木色为主，从玄关储藏墙面开始至主卧空间皆是如此，且考虑到入室后的聚焦性，设计师以铁艺做出玄关与餐厅间的吧台线性，体现逐步、逐景流畅行进空间的方向感。

1.公共区域：空间中有大梁贯穿，设计师趣味地以流明天花板加以深色黑框包边，勾勒出星光大道意象的同时，也有了动线引导之效。
2.公、私分界：格栅立面低调而虚化式的串联，创造艺术廊道氛围，巧妙留白手法也强化了公、私区域分界，提高了生活的隐秘性。
3.格栅设计：设计师在开放式书房区块后方加以对称性格栅。
4.主卧室：为让视觉有对称性的平衡表现，呼应着卫浴开门设计化妆镜前方也同样以线条勾边处理。
5.长辈房：顺应业主的需求，长辈房及夫妻房以双主卧形式规划。

5

原点室内设计・设计师 蓝丽子

混搭现代古典・印象威尼斯

坐落位置 | 新北市・南港区
空间面积 | 248m²
格局规划 | 玄关、客厅、餐厅、厨房、主卧室、小孩房×2、卫浴×3
主要建材 | 灰网石、黑钢石、佛罗伦萨大理石、圣塔罗大理石、帝诺大理石、珍珠漆、茶镜、泡绵绷版、人造皮、壁纸

在运河上随波轻荡的贡多拉、嘉年华上，神秘豪华面具下艳泽缤纷的服装头饰，延续数个世纪的威尼斯印象，依旧保持经典不坠的时尚古典地位，原点设计撷取神秘豪华的威尼斯意象，结合大量特殊石材，呈现出现代古典的全新格局。原毛坯房的空屋仅有厕所管线配置，设计师重新分配管线并规划生活动线，舍弃原四房的预设格局，改以大三房大气呈现。

1.玄关：水刀拼花山茶花图案的玄关空间，不仅是进门过道，亦是展示房主收藏的珍品展示区。

2.客厅：设计师请画家直接在客厅墙面上描绘华美的古典线条，再以浮雕手法凿刻与珍珠漆呈现精致的仿古时尚感。

3.造型隔屏：结合客厅电视墙的铁艺屏风，以威尼斯面具剪影线条分割，引入客厅窗外日景，也明亮玄关空间。

2

3

1

水刀拼花山茶花图案的玄关空间，不仅是进门过道，亦是展示房主收藏的珍品展示区，循着动线直进的视野，可越过茶镜与暗红茶烤玻交错的端镜柜子直抵餐厅，甚或后方衔接私人空间的廊道，延伸层递无限远的视线，而为了不让进门视野封闭受阻，结合客厅电视墙的铁艺屏风，以威尼斯面具剪影线条分割，引入客厅窗外日景，也明亮了玄关空间。

越过地面划分来到客厅区域，延伸威尼斯面具剪影意象，设计师请画家直接在客厅墙面上描绘华美的古典线条，再以浮雕手法凿刻与珍珠漆呈现精致的仿古时尚感，对向的大理石墙亦将嘉年华会上绚丽斑斓的图案以手工精细描绘，再辅以图案呼应的造型锻铁与间照，烘托出精致华美的古典时尚空间。

1.延伸视线：在玄关循着动线直进的视野，可越过茶镜与暗红茶烤玻璃交错的端镜柜子直抵餐厅，甚或后方衔接私人空间的廊道，延伸层递无限远的视线。
2.餐厅：位于轴心的餐厅拥有来自客厅与厨房的充裕光照。

1.**主卧室**：线条方整的主卧室空间，不规则线条分割的皮革绷皮床头丰富空间趣味。
2.**端景墙**：设计师也延续威尼斯精神，在进门端景墙上，由画家手绘出华丽的面具意象，呼应客厅屏风设计线条。
3.**更衣室**：简单的线板线条与古典图案壁纸，缀点出现代风格更衣室的古典氛围。
4.**小孩房**：设计师重新分配管线规划生活动线，舍弃原四房的预设格局，改以大三房大器呈现。
5.**卫浴**：从壁面到地面以单一石材表现质感大气。

线条方整的主卧室空间，不规则线条分割的皮革绷皮床头丰富空间趣味，设计师也延续威尼斯精神，在进门端景墙上，由画家手绘出华丽的面具意象，呼应客厅屏风设计线条。现代大气的设计线条，混搭古典奢美图案的设计手法，从公共空间到私人休憩区域，在看似冲突的现代与古典中，混搭出完美的平衡。

得比空间设计·主持设计师 侯荣元

化零为整·绿意新古典家

坐落位置｜新北市·林口
空间面积｜165m²
格局规划｜玄关、客厅、餐厅、书房、厨房、卧室×3、衣帽间、卫浴×3
主要建材｜银狐大理石、黑金峰大理石、进口人造石、进口壁布、人造皮革、茶镜、灰玻、夹砂玻璃、天然木皮

本案位于林口，是可远眺体育场及公园预定地，无遮蔽的视野拥有绝佳的绿意美景，虽有敞阔的面积却空间线条不甚方整，而人口众多的五口之家，将在大儿子新婚后再增新成员，房主希望规划出方正完整的生活线条，并有兼具客房功能的书房设计，得比设计挹注时尚元素打造现代雅仕新古典。

1.**绿意美景**：本案位于林口，是可远眺体育场及公园预定地，无遮蔽的视野拥有绝佳的绿意美景。
2.**造型天花**：线板与间照设计提拉区域高度，花瓣造型增添米白基调设计的时尚华丽。
3.**客厅&餐厅**：结构梁体及挂画的端景墙，正巧划分出位于轴心枢纽的餐厅区。
4.**沙发背景墙**：四根大理石柱子界定空间功能，并加以彰显空间高度。

1

在原始格局规划里，是一进门即可见到敞阔却不完整的开放格局，设计师拉出玄关动线，切齐结构梁体线条规划兼具客房功能的书房，再以喷砂玻璃作为隔断墙，引入书房外光源明亮玄关。对应拼花银狐电视墙，在客厅沙发背景墙处以四根大理石柱子界定空间，再辅以导角切割茶镜墙面，与古典造型壁灯营造细致立体的新古典情趣，维持一贯的挑高放大原则，同时用线板与间照设计提拉区域高度，再描以花瓣造型天花板增添米白基调设计的时尚华丽。

2

1.**造型门**：烤漆与夹砂玻璃制作的门板，分别是进入主卧室与大男孩房的动线。
2.**餐厨区**：与餐桌垂直增设中岛吧台，二进式厨房规划有了轻食与热炒之分。
3.**主卧室**：延续客厅流转的天花板线条，并让窗外的蓊郁树景成为空间主角。
4.**书房**：除了书房的阅读功能，尚有沙发床作为客房使用。
5.**大男孩房**：窗户下方贴覆玻璃贴纸，透光不透影的巧妙设计，保持了最佳的生活隐私。

3

4
5

极设计-居Dr.House・设计师 庄晁易

量身打造的美学宅邸

设计师以新古典主义满足房主对新家的期待，让四室变为三室，厨房烹饪空间变大了，客厅到主卧的视野相对宽敞，家人的感情也更浓烈。女孩们特别期待的便是鞋柜，还记得欲望城市中的凯莉看到鞋柜的惊喜感吗？设计师特别量身定制的鞋柜，从靴子到高跟鞋，让爱漂亮的女生可以满足对各种鞋款的收纳。

除了运用造型线板与镜面作为家中新古典主题的配置之外，设计师在墙柱上也采用不同的设计，客厅有内嵌式的展示与收纳，开放空间的餐厅以喷纱纹路茶镜随着墙面延伸至天花板，悬吊雅致的水晶灯，一旁摆放精品骨瓷的展示柜，用于摆放搜藏的精品骨瓷，于银箔格栅墙面之中衬托出来，展现恢宏的气派，同时隐藏了后方厨房的出入口与储藏柜，成功运用连续的视觉元素将空间中的分隔化为无形。

从斜切45° 的入口来到主卧房，宽敞的空间营造了休憩的氛围，设计师利用巧思在电视墙后方设计长型抽屉，收纳女主人的包包，窗边卧榻则是依据珍藏家人回忆的一系列相片簿订作，不仅是最自然感情的流露，也是主卧房中最美丽的妆点。

除了主卧房外，分别依据家庭成员的喜好作不同的设计，大女儿拥有限量的芭比展示柜，置身其中仿佛来到童话王国，充满青春的烂漫情怀；念艺术的小女儿房间触目所及便是一面鲜丽的黄色，搭配弧形的天花板，既时尚又前卫，增加了空间的活泼气氛。

在有限的空间中，依家庭成员展现其各自不同的个人风格，并依据喜好与兴趣结合收纳与展示的空间，让房子成为家人最棒的珍藏。

坐落位置 | 台北 汐止
空间面积 | 92m²
格局规划 | 客厅、餐厅、厨房、主卧室、女孩房×2、卫浴×2
主要建材 | 茶镜、灰镜、黑 镜、线板、进口壁纸、进口瓷砖、金属砖、乱纹板、人造皮革

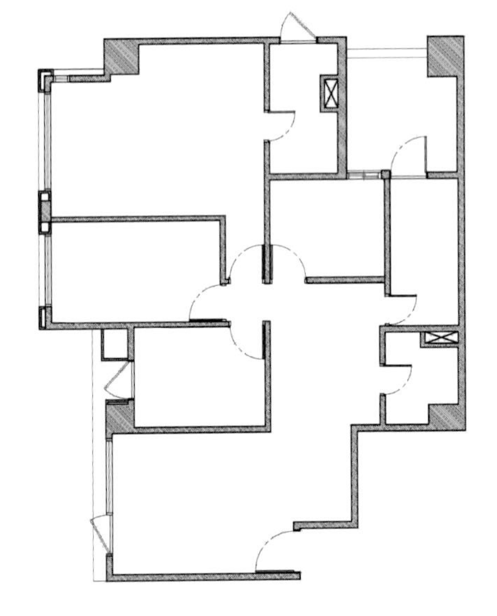

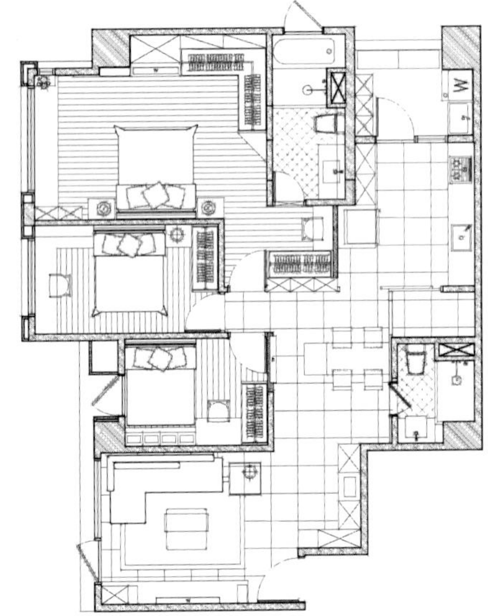

1.2.**玄关鞋柜**：家中女孩多，鞋柜收纳分别依据不同鞋款作了多功能的变化，可放长靴的高柜，层板也以正、斜面相间设计，可以放置更多的高跟鞋，而悬空的柜体除了让客厅转化到餐厅的空间更加轻盈之外，也作为可以放置室内外拖鞋的地方。

3.**客厅**：除了运用造型线板与镜面作为主题的配置之外，设计师在墙柱上也富有许多巧思，墙柱上有内嵌式的展示与收纳。

4.**客厅望向玄关**：由于客厅不大，玄关部分以不同的地面材质做空间上的转化，灰暗的大门重新贴上皮革，配合整体的风格，同时利用壁纸色块的运用让视觉延伸到餐厅。

5.**展示柜造型墙**：匠心独具的展示柜放置房主喜爱的骨瓷，辅以银箔格栅隐藏了后方储物柜，典雅优美的线板为厨房的入口。
6.7.**餐厅**：一旁的展示柜以镜面为底，黑镜为框铺设，置于银箔格栅墙面之中，展现恢宏的气派，成功运用连续的视觉元素将空间中的分隔化为无形。

8.**厨房**：用玻璃内做灯光流明，展现出明亮洁白的空间，再以进口花砖带出活泼的气氛。

9.10.**主卧室**：设计师利用巧思于电视墙后方设计了长型抽屉收纳女主人的包包，让包包也有一个舒适的窝，窗边卧榻可以摆放相片，不仅是最自然感情的流露，也是主卧室中最美丽的妆点。

11.**大女儿房**：设计师分别依据家庭成员的喜好做不同的设计，个性天真烂漫的大女儿拥有珍藏限量芭比的展示柜，衣柜以线板与茶镜带出浪漫风格。

12.**小女儿房**：以鲜艳黄色铺设整间墙面，并用弧形天花板增加空间的活泼气氛。

13.14.**主卧卫浴**：主卧卫浴以造型柜面与不同大小的切割地砖拼凑构成，通过线条与尺寸的变化增加空间的层次感。

黑与白·展现无与伦比的品位张力

坐落位置｜台中・五期

空间面积｜330m²

格局规划｜玄关、客厅、餐厅、厨房、主卧室、次卧室、客房、书房、卫浴×3

主要建材｜深金锋、黑玻、明镜、计算机雕刻皮饰板、水晶灯、特选壁纸、银箔大线板、定制家具、日立变频冷气

“细心观察，不放过每一个微小细节；耐心聆听，充分掌握切身功能需求。”在本案设计师的巧夺天工下，大梁消弭于无形，且界定出明确的玄关区块划分，在贯彻功能美型概念原则下，使用黑镜与银箔开展的端景立面，营造出现代氛围；背向则隐藏着电器柜，以黑与白呼应着视觉对比，层次深刻的天花板线条，表达出风格延续的整体设计。

1.**客厅**：呼应着空间黑与白的对比概念，天花板上雅砌设计压以黑镜滚边，统合着整体设计。
2.**书房沙发区**：多功能的书房设计，背景墙后方有着包柱与收纳的功能美。
3.**主卧室**：壁纸与茶镜框定之下，大气塑造床头焦点。
4.**客厅望向玄关**：明镜为墙的立面安排，让视线尽头有着无尽延伸的开阔。

赵玲室内设计设计团队・设计师 赵玲 吕学宇

投射・生活的舒适记忆

坐落位置 | 台北市・松江路
空间面积 | 198m^2
格局规划 | 玄关、客厅、餐厅、厨房、主卧室、次卧室×2、和室、卫浴×3
主要建材 | 新米黄大理石、烤漆、特殊玻璃、壁纸、手工图案

本案中，设计师为了让客餐厅有着使用独立性，并避免油烟散逸，采用格局切割展现各自的功能安排；空间动线的铺排上，为将神龛与公共空间整合，将此安排在客厅侧向，转圜中巧妙创造玄关端景，且思考空间利用效果的分配，客厅挪用女儿房部分空间，放大入室第一眼的大气质感。

对于空间业主并没有太多特别的想法与要求，因此设计师细腻地了解到女主人喜爱的代表花——百合，将此图案转为抽象于玄关、客厅天花板上铺陈，加入照明、维修孔的结合运用，让光影流转且展现独一无二的空间特色。

餐厨区域：勾缝线条的串联，将步伐引入餐厅区域，吧台与厨房互动连接及流畅的阳台动线，让用餐休憩有了一气呵成的惬意。

1.女儿房：床尾双动线设计，电视墙面界定着入口及更衣、卫浴方向，大气展现视觉稳定度。

2.女儿房立面：借助壁纸图案，连续而一致性的立面设计，漂亮地发挥了梁下空间的最大收纳功能。